AF224044

EVREMOND-LUCAS

La Tunisie à Vol d'Oiseau

(NOTES DE VOYAGE)

1909

TOURS

IMPRIMERIE J. ALLARD

1911

A M. Paul DOUMER

Ancien gouverneur général de l'Indo-Chine
Président de la Société de Topographie de France.

La Tunisie à Vol d'Oiseau

(NOTES DE VOYAGE)

« La Tunisie à vol d'oiseau », c'est là un titre dangereux pour un récit de voyage. A parcourir trop rapidement une région, nul ne peut se vanter d'en pénétrer l'âme, d'en donner une idée nette et précise.

Cette terre d'Afrique, à peine entrevue, m'a laissé cependant une impression inoubliable..... Les promenades sous un ciel d'un bleu intense pendant le jour, éclaboussé d'étoiles pendant la nuit ; les longues chevauchées à travers le Bled (pays) et la grosse émotion qui étreint le voyageur devant l'immensité du désert ; les contrastes si frappants de l'aridité du sol et d'une végétation luxuriante ; Tunis aux maisons blanches, vaste jardin au fond d'un golfe ensoleillé ; Carthage ensevelie dans la splendeur si triste de ses ruines ; tout ce qui fut et tout ce qui est captive l'imagination et les sens.

Puis les cités mystérieuses du sud : Sfax la fière citadelle des corsaires barbaresques ; Sousse entourée de ses vieux oliviers ; Gafsa, El Hamma, El Oudiane, Tozeur et leurs dattiers, c'est là qu'il fait bon vivre et faire halte un instant.

Quand un navire quitte la France, après deux jours de marche, il arrive en vue de Tunis, permettant au voyageur d'admirer à loisir un des plus beaux panoramas qu'il soit possible de regarder: La Goulette, Carthage, La Marsa, Hammam Lif, Radès, les cimes du Boukornine et du Zaghouan..... mais toutes ces beautés peuvent être goûtées pendant un séjour à Tunis ; cette étude à « vol d'oiseau » va débuter par le Sud Tunisien, sur le parcours de la voie ferrée de Sfax à Metlaoui, au pays des Phosphates et au Désert.

L'OUED SELDJA. LES PHOSPHATES

La ligne de Sfax à Metlaoui s'engage dans la zone montagneuse du sud, dont la superficie comprend un tiers du sol de la Régence ; cinq chaînes de montagnes donnent à la région un caractère morphologique spécial : la chaîne de Feriana, avec les vestiges d'une ancienne forêt qui achève de mourir; celles de Gafsa, de la Seldja, de Cherb et de Tebaga.

La caractéristique de toutes ces chaînes est une dénudation absolue ; les influences simultanées des agents

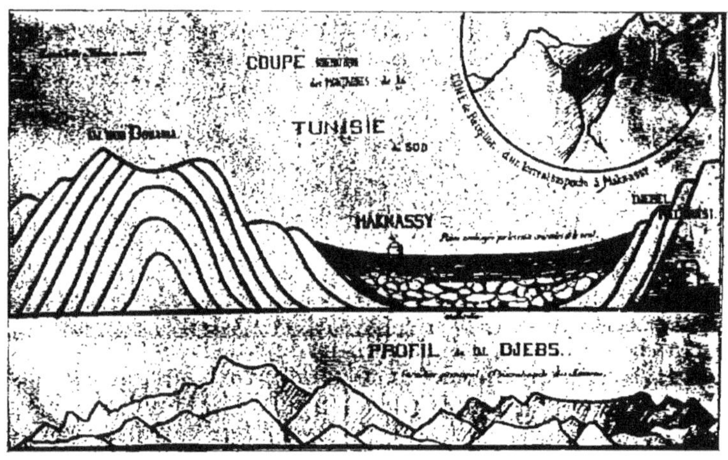

Sud Tunisien. — Plaine de Maknassy.

atmosphériques ont découpé les chaînes en crêtes aiguës, où les cônes suspendus des torrents mettent leur note pittoresque. Les plaines synclinales qui forment le trait d'union entre les chaînes parallèles sont dues à la destruction de la montagne et au transport des débris par les eaux courantes et le vent ; la plaine de Maknassy en est un excellent exemple.

Ces plaines désolées, où ne poussent que de maigres touffes d'alfa, étaient à l'époque romaine des centres de civilisation ; les citernes abandonnées, les tombes romaines qui jalonnent la voie du chemin du fer en sont une preuve évidente.

Après Maknassy, la voie ferrée franchit le col de Sened ; c'est un léger bombement de terrain imperceptible à l'œil du voyageur non prévenu, mais d'une importance considérable au point de vue de la végétation et de l'hydrographie. Avant Sened l'alfa est maigre, tandis que du

côté de Feriana (direction de Tebessa), on entre dans la
mer d'alfa : là se trouve la ligne de partage des eaux qui
se dirigent d'une part vers la Méditerranée,de l'autre vers
le chott Rharsa ; il y a eu là certainement des phénomènes
de capture par action régressive des eaux. Il est aussi
intéressant de constater que ce point est à la même altitude que la Méditerrauée (cote 0), mais au cours des âges il

DJEBEL SELDJA. — La sortie des gorges.

ne semble pas s'être déplacé d'une façon bien considérable.

Gafsa et Metlaoui sont actuellement le point terminus
du chemin de fer des Phosphates ; Gafsa était fort popu-
leuse du temps des Romains; les thermes qu'ils y avaient
construits existent encore, « ils sont divisés en trois pis-
cines que la même eau emplit tour à tour ; après avoir lavé
les autorités de la ville, l'eau chaude de la source sert aux
hommes de la localité ; puis en dernier lieu aux femmes ».

A Gafsa les ouadi sont intermittents, l'oued Bayech
coule pendant cent mètres et disparaît dans les sables ;
l'oued Nagron n'est guère plus important ; ses eaux por-
tent quinze grammes de sels minéraux au litre et sont
impropres à la culture.

La Seldja, qui a scié la chaîne du même nom, est plus importante, elle prend naissance dans le Djebel Redeyef au « Raz el Hayoum, la tête des Sources ». A son origine, la Seldja se traîne dans un lit ensablé, mais une averse torrentielle d'une demi-heure peut faire monter brusquement son niveau de quatre mètres, la Seldja devient alors un torrent dévastateur qui ravine ses berges et va se perdre dans le Bled Tarfaoui.

Ce cours d'eau traverse ensuite pendant sept à huit kilomètres des gorges pittoresques et grandioses dues à l'action érosive des eaux qui, pendant l'époque néogène, devaient constituer dans le Bled Daoura un vaste bassin fluvio-lacustre, auquel la montagne servait de digue de retenue.

C'est dans les gorges de la Seldja que commencent les remarquables gisements phosphatés du Sud Tunisien ; leur exploitation a donné naissance à une véritable colonie européenne installée à Metlaoui, d'où la nécessité de capter les sources de la Seldja pour alimenter la ville nouvelle. Dans ce captage, la grande difficulté fut de séparer les sources d'eau potable des sources chargées de principes minéraux ; à l'aide de drains, l'eau a été captée au-dessous du lit de la rivière, travail que les Romains avaient déjà accompli ; une partie de leurs canalisations a été retrouvée ; en outre, ils avaient, à l'aide d'un barrage, fermé l'extrémité des gorges afin d'éviter le ravinement dû à la brusque descente des eaux, et maintenir dans la rivière un débit capable d'assurer l'irrigation de nombreux jardins établis sur les bords.

Le gisement des phosphates de Metlaoui a la forme d'un grand cône dont la pointe est en bas ; cette pointe est découpée par des ravins qui donnent à l'exploitation des voies d'accès ; les ouvriers « dépilent » les couches par grands rectangles ; les produits de l'exploitation sont amenés au jour par des galeries de trente-cinq mètres de long. Les phosphates extraits de la mine sont, en été, épandus sur le sol et labourés pour obtenir un séchage parfait ; en hiver, l'assèchement est obtenu au moyen de fours mécaniques traitant quatre cents tonnes de phosphate par jour ; et les produits de l'exploitation, chargés sur des wagons spéciaux, sont dirigés sur Sfax.

Cet important gisement, qui s'étend de Gafsa à Tebessa sur 60 kilomètres, ne compte pas moins de cinq couches superposées.

La première couche a une épaisseur de 4 m. 50 avec un trait marneux qui tranche sur le phosphate ; dans toute la formation il existe un filet de coquilles, une à deux par mètre carré ; ce filet prend de l'épaisseur vers l'ouest et devient une lumachelle compacte. La seconde couche

phosphatée contient des boulets à 1 ou 2 0/0 d'acide phos-
phorique; ce sont ces boulets qu'a d'abord trouvés Phi-
lippe Thomas, l'inventeur des phosphates. Au-dessus de
la zone des boulets une troisième couche, mélange de
marnes et de phosphates inexploitables, mais dans l'intérieur de cette couche se trouvent de gros vertébrés (tor-
tues) qui ne sont pas, dit M. Burseaux, l'aimable directeur

MÉTLAOUI. — Exploitation des Phosphates.

des mines de Metlaoui, l'origine des phosphates. Ces
derniers sont-ils d'origine minérale ou d'origine ani-
male ? les savants sont encore divisés sur ce point. La
quatrième couche, plus riche que les précédentes, a une
teneur de 62 à 63 0/0 ; enfin la cinquième couche qui a
0 m. 70 d'épaisseur, ne renferme que des coprolithes et
toute zone industrielle a disparu.
Trois millions de tonnes de phosphate ont été extraits
depuis la fondation des mines ; quant à la production
journalière, elle était en avril 1909 de 3,200 tonnes.

LE DÉSERT. L'OASIS DE TOZEUR

Metlaoui est la dernière ville européenne du Sud Tunisien ; pour gagner les oasis : El Oudiane, El Hamma,
Tozeur, Nefta, il n'existe qu'une piste sablonneuse qui
parcourt le Bled Tarfaoui, fermé à l'horizon par le Djebel
Seldja ; cette piste franchit à gué, au Bordj de Gouifla,
l'Oued Mellah.

Toute cette région du Sud Tunisien est désertique ; le caractère principal de ce pays, c'est d'avoir des rivières et des lacs sans eau, des plaines désolées sans arbres, sans animaux, sans oiseaux. Pas un point de repère ; toujours une immensité rocailleuse et sèche, où il ne pousse que du caillou, c'est la hammada, vaste plaine barrée à l'horizon par de hautes montagnes qui semblent reculer à mesure que le voyageur avance ! La nature est souvent dure pour le sol tunisien ; elle semble l'avoir voué à l'isolement.

Il n'est pas d'évocation plus tragique que celle de l'homme perdu dans le désert ; quelle mort lente et af-

Carcasse de chameau sur la piste du Bled Tarfaoui.

freuse attend le malheureux qui ayant quitté la piste cherche vainement un indice sur un sol semé de pierres ou veut se retrouver au milieu de dunes qui se ressemblent toutes entre elles. Seuls, les Arabes, avec leur instinct de nomades, peuvent se reconnaître dans ce dédale à la fois caillouteux et sableux, dire à temps « Chedd-el-Ard ! » (Arrête là !) et retrouver le signal de pierre, le « redjem » sauveur, ou bien se coucher sur le sol et attendre la mort... C'est ainsi que les pistes sahariennes sont quelquefois jonchées de squelettes d'hommes et de chameaux... les seules bornes kilométriques que l'on trouve au désert, indices d'une étape douloureuse vers l'au-delà.

Et cependant, pour celui qui sait évoquer l'âme des

choses, l'immobilité du désert n'est qu'apparente. Là où il n'existe que des espaces désolés, où nulle voix humaine ne se fait entendre, l'apparition imprévue d'un groupe de cavaliers nomades, d'une caravane avec ses chameaux, ses ânes, ses chèvres, tous portant des ballots ou des objets de campement proportionnés à leur taille, avec, galopant sur ses flancs, les guerriers armés du long fusil, montés sur d'élégants chevaux à tous crins ; pendant que les sloughis filent à ras de terre à la recherche d'une proie toujours précaire : tout cela trahit la vie latente et mystérieuse du désert.

Des hommes qui semblaient à jamais séparés par une étendue désertique et sans limites parviennent à se grouper, tant le besoin d'union est inné au cœur de l'homme. Des traditions millénaires, resserrées par des mariages, des luttes, des traités, ont appris aux tribus cantonnées sur les confins du désert à conserver des relations qui sont la sauvegarde d'intérêts vitaux : le commerce, l'industrie, la chasse. Ils se rencontrent aussi pour vider leurs querelles, car l'âme ancestrale de l'homme primitif revit chez les nomades du grand désert et excite en eux l'esprit de rapine et de guerre. Des caravanes commerciales se forment ; mais des embûches se préparent aussi ; au désert comme ailleurs il y a des travailleurs et des bandits, et chacun, soit au grand jour, soit dans l'ombre, mûrit son projet. Que rapportera l'échange ou le coup de main ?

La vie intense et mystérieuse du désert est donc révélée par la caravane ou la troupe guerrière se profilant sur l'horizon, à la limite prestigieuse tracée par la ligne d'or des sables et l'azur éblouissant du ciel. Quelle qu'elle soit, la troupe défile, longue colonne, avec son avant-garde, son gros et ses traînards ; elle ondule au gré des accidents du terrain, s'effile ou se resserre, puis s'estompe et disparaît derrière quelque ligne monotone de dunes, comme absorbée par l'Infini ; et le désert, semblable à la surface d'une onde légèrement ridée par le passage d'une brise parfumée, reprend son implacable sérénité.

Du Bordj de Gouifla au col de Cherb, le sol est des plus arides. Au col de Cherb la chaîne s'abaisse et le passage, véritable défilé en tranchée, montre bien que de nombreuses générations de nomades ou les armées des envahisseurs sont passées par là pour gagner les Oasis. Entre le chott Rharsa et le chott Djérid, ces collines forment un isthme allongé et étroit ; au delà, c'est le riche pays désigné par les Arabes sous le nom de Djérid, « le Pays des Palmes ». C'est le bien nommé, car du haut du défilé du Cherb, l'observateur aperçoit, tout près la ligne verte et onduleuse des dattiers, les roches calcaires où de beaux palmiers ont enfoncé leurs racines ; là filtrent goutte à goutte les eaux bienfaisantes de la source d'El Oudiane, eaux thermales et magnésiennes, mais qui donnent aux beaux jardins des oasis l'élément nécessaire à leur développement.

C'est un spectacle à la fois reposant pour la vue et le cœur quand, après avoir parcouru sous un soleil ardent la piste du Bled el Ateuch (le pays de la soif), le touriste

Oasis d'El Oudiane. — Les sources.

a la vision des merveilleuses allées de l'oasis, limitées par de hautes « tabia » ombragées par de gigantesques palmiers; c'est la vie après la mort, les voix humaines après le silence, le marabout, la mosquée, l'habitation : tout ce qui fait la civilisation arabe.

Puis l'oasis de Tozeur : une émeraude sertie dans un rayon de soleil. Tozeur, au bord du Chott Djérid, vaste lac intermittent couvert d'efflorescences salines, jouit de cette chose si précieuse au désert : l'eau vive. L'oasis, avec ses annexes, El Hamma, El Oudiane, compte plus de

15,000 habitants, ce n'est qu'un immense jardin planté de 400,000 dattiers: sous les palmes croissent les orangers, les citronniers, les abricotiers, les jujubiers, la vigne, protégeant à leur tour de leur ombre les cultures pota-

Une allée dans l'Oasis de Tozeur.

gères. L'air est parfumé des subtiles effluves des orangers et des roses, tandis que les eaux courantes bruissent gaiement en franchissant les barrages.

L'oasis de Tozeur doit son exceptionnelle renommée à l'intelligente répartition des eaux qui s'y assemblent. La question de l'eau ne se pose jamais entre les propriétaires de ces splendides jardins dont quelques-uns valent jusqu'à 40,000 francs ; elle a été résolue une fois pour toutes par des législateurs avisés.

A Tozeur les eaux du barrage sont séparées en trois

branches et réparties dans l'oasis. Près de chaque jardin un tronc de palmier entaillé fournit l'étalon d'eau, la Kadouz. L'eau coule dans l'entaille pendant cinq minutes. LaKadouz est donnée tous les huit jours contre une redevance annuelle de 240 francs. Une fois reçue le propriétaire use de son eau comme bon lui semble. Dans chaque jardin des carrés réguliers limités par de minuscules tabia sont inondés chaque semaine.

Cette remarquable serre chaude est alimentée par des

Tozeur : Ruines romaines.

eaux d'origine différente, des sources thermales (Aïn Kabi, El Rhira) et l'Oued Beled. En outre M. Olivier, contrôleur civil à Tozeur, pense qu'il y a certainement des sources plus profondes ; actuellement on en compte soixante-dix.

Les produits des dattiers de Tozeur sont infiniment réputés, ils sont supérieurs à ceux de Biskra pourtant si renommés; le cru principal est celui du dattier dégla.

M. Olivier explique la supériorité des dattes de Tozeur

de la manière suivante. La température de l'oasis est une des plus fortes du Sud Tunisien, elle s'élève à 50 degrés pendant le jour et se maintient à 30 degrés pendant la nuit. Les vents chauds de l'ouest venus de la Méditerranée passent sur les masses salines du Djérid qui pendant le jour ont emmagasiné une chaleur énorme, et la rendent la nuit par rayonnement. Pendant la saison chaude à Tozeur il n'y a de fraîcheur que le matin. Cette température excessive assure la complète maturité des dattes.

Le dattier est en outre à Tozeur l'objet de soins particuliers: la théorie si commune, dit encore M. Olivier, « du pied dans l'eau et de la tête dans le feu » est admissible ; l'arbre ne peut rester dans l'eau stagnante, il en mourrait, il lui faut une eau courante qui imbibe les racines et soit fréquemment renouvelée. Ce qui donne au palmier toute sa valeur, justifie sa croissance et sa belle venue, c'est le système d'irrigation technique employé à Tozeur.

Le palmier est d'ailleurs la base de la vie dans l'oasis. Outre des dattes exquises, les indigènes en retirent le vin de palme, le lakmi ; son tronc sert d'étalon pour les eaux, de passerelles pour les ponts, de poutres pour les maisons, et afin de rendre les troncs imputrescibles, les habitants de Tozeur les enfouissent pour plusieurs mois dans les vases salifères du Djérid ; ces troncs deviennent ainsi le support indestructible de ces demeures tozeuriennes, aux briques sèches élégamment disposées mais qui fondraient sous un climat plus humide. Les feuilles séchées des palmiers donnent de redoutables épines qui couronnent les hautes tabia et défendent les jardins contre les déprédations des animaux.

L'oasis de Tozeur est connue depuis les temps les plus reculés ; les Egyptiens en firent la conquête ; il existe quatre îlots du Chott-el-Djérid, plantés de palmiers d'une espèce différente de ceux qui croissent dans l'oasis. Ces palmiers, dont les fruits n'arrivent jamais à maturité, seraient dus aux noyaux de dattes abandonnées par une armée égyptienne ; l'archipel porte encore le nom de Nkal-Faraôum, « les Palmiers du Pharaon » ; puis les Phéniciens occupèrent Tozeur ; les Romains y ont laissé d'imposantes ruines ; avant l'occupation française le bey de Tunis y avait un château.

LA TEMPÊTE

Le soleil, qui jusque-là avait été radieux et donnait à l'oasis l'aspect qu'elle prend pendant les plus beaux jours, s'était brusquement obscurci, un vent d'ouest souleva des vagues sableuses qui marchèrent à l'assaut de Tozeur mal défendu par des palissades de palmes, disposées en rangées parallèles normalement à la direction du vent dominant. Bientôt ce vent soufflait en tempête, étonnant le voyageur auquel les manifestations des forces déchaînées de la nature étaient inconnues sous cette forme, émotion rendue plus intense encore par le glapissement des chacals qui, à la faveur de la nuit, s'étaient aventurés jusqu'au centre de la ville.

Le matin du départ, vers quatre heures, une légère accalmie laissait espérer qu'il serait possible de regagner Metlaoui, en passant cette fois par l'oasis d'El Hamma. Jusque-là tout alla bien. Puis le vent s'éleva de nouveau croissant d'intensité de minute en minute, marchant avec une vitesse de sept à huit mètres à la seconde, transportant des particules rocheuses de plusieurs millimètres de diamètre, qui arrivaient en mitraille sur le visage et les mains de l'audacieux qui osait affronter la tempête. Sur la route, les nomades fatalistes s'étaient accroupis, qui à l'abri d'un « gour », qui d'un promontoire rocheux sculpté par la violence du vent du désert et formant surplomb sur le bord de la piste. Pour comble de malheur, la température avait baissé subitement, le froid était comparable à celui qui peut être produit par une aigre bise de novembre en France ; une pluie froide s'était mise de la partie... elle devait sauver la situation. Tous les moyens de fortune furent employés pour se protéger du froid ; burnous arabes, manteaux d'hiver, couvertures prises sous la selle d'un cheval, et celui qui n'avait rien était transi.

Pendant deux heures le vent fut si redoutable qu'il semblait impossible de regagner Metlaoui le soir même ; il fallait camper sur place, sans vivres, sans vêtements de rechange, un jour, deux jours, trois peut-être, ou gagner coûte que coûte le Bordj de Gouifla, pour y trouver un abri temporaire ; c'était la meilleure solution, mais que de difficultés pour y arriver ; sans répit, les rafales passaient si cinglantes que chevaux et mulets refusaient d'avancer ; tous, à l'arrivée des sables avec un ensemble parfait, présentaient la croupe au vent ; à plusieurs reprises, sous l'influence des brusques assauts de la tempête, je me suis senti déplacé avec la masse de mon cheval et poussé hors de la piste vers l'Oued Mellah qui coulait à quelque distance, endroit d'autant plus dangereux qu'une caravane de chameaux passant peu de temps après la rivière, à une certaine distance du gué ordinaire, voyait un de ses animaux s'enliser dans les vases mouvantes de la rive. A ce moment la tempête battait son plein, et ce ne fut qu'avec les plus grandes peines et à grand renfort d'éperons que le Bordj de Gouifla fut rallié.

Il faut être en plein désert, isolé au milieu de la nature bouleversée, pour se rendre compte de ce que peut produire l'action du vent dans les régions désertiques; tous les phénomènes qui transforment dans ce cas le modelé du sol s'y révèlent vigoureusement : formation de dunes instables sous l'influence d'un léger obstacle, touffe d'alfa ou arbrisseau; le transport des éléments désagrégés explique alors le travail de l'érosion éolienne qui découpe

Le Bled Tarfaoui : Passage à gué de l'Oued Mellah.

si curieusement les gours, creuse dans le sol de profondes entailles, frange d'une fine dentelle alvéolaire les parois des roches calcaires, procède au vermiculage des galets, et donne ces pittoresques modelés en escalier que prennent les falaises formées de couches alternativement tendres et dures. Tous ces phénomènes se produisent pour ainsi dire sous l'œil de l'observateur. Et à un point de vue plus utilitaire, les tempêtes sahariennes expliquent pourquoi les Arabes se couvrent de chauds vêtements de laine qui leur permettent de résister aux variations de température beaucoup plus brusques au désert qu'on ne le croit généralement; souvent ils passent, sans transition, des ardeurs de l'été aux rigueurs de l'hiver ; pourquoi aussi ils garnissent d'œillères les brides de leurs chevaux ; ces œillères sont en effet le seul moyen de protection efficace, lorsque le cavalier, pris par une tourmente, veut avancer quand même; elles expliquent aussi en partie le fanatisme oriental : incapable de lutter contre les éléments en furie, l'homme se couche sur le sol et attend impassible la fin d'une manifestation aussi grandiose.

Par bonheur, la tempête ne dura pas, le vieux dicton français « petite pluie abat grand vent » se justifia une fois de plus ; le vent cessa et les quelques kilomètres qui séparent le Bordj de Gouifla de Metlaoui furent parcourus sans encombre.

LE SAHEL

La tempête ayant brusquement coupé toutes les communications, il fallut, pour regagner Sfax, prendre un train de phosphates qui partait à dix heures du soir de Metlaoui pour atteindre Sfax le lendemain à une heure de l'après-midi.

Sfax est la seconde ville de la Tunisie pour la population ; la richesse des pêcheries et des olivettes explique une importance qui ne fera que grandir, grâce au chemin de fer de pénétration vers le sud et au trafic des phosphates. La situation maritime, à l'entrée du golfe de Gabès, est excellente. Les Français ont fait beaucoup pour Sfax ; un port muni d'un outillage moderne y a été créé ; les plantations d'oliviers ont été multipliées ; deux millions de pieds sont en pleine production, c'est-à-dire ont dépassé l'âge de vingt ans.

Les oliviers forment autour de Sfax une véritable forêt de quarante kilomètres de rayon ; c'est une forêt qui marche et dévore peu à peu la brousse, mais une forêt éclaircie ; la plaine de Sfax étant peu arrosée, l'olivier ne peut croître qu'à la condition d'étendre très loin ses racines, pour pomper dans le sol le peu d'humidité qu'il conserve. Dès lors les oliviers sont plantés à vingt-cinq mètres de distance ; il y en a seize à l'hectare, seulement les seize arbres de la région de Sfax produisent autant que cinquante dans le Sahel et cent vingt dans la région du Nord.

La banlieue de Sfax s'étend jusqu'au Sahel, grande plaine en bordure de la mer et formée en partie par le cône de déjection des fleuves côtiers ; c'est une région semi-désertique, étendue sableuse façonnée par l'action éolienne qui transforme l'argile et le sable en fine poussière ; l'argile est emportée vers le large, le sable reste. Dès qu'il fait sec, au moindre vent, ce sable se met en mouvement, forme des nuages compacts qui obscurcissent le Bled ; l'air devient irrespirable. La surface topographique est découpée par de petites dunes, couvertes de plantes épineuses et d'armoise, pâturage typique des chameaux. La marche du sable poussé par le vent obstrue la voie ferrée de Sfax à Gafsa et obscurcit la vue au point d'empêcher de voir le Djebel Mezounna qui s'élève à une altitude de 408 mètres.

Un service automobile relie Sfax à Sousse à travers le Sahel, et l'impression que laisse au voyageur le Sahel Tunisien est celle d'un pays sec mais susceptible d'être cultivé par une irrigation bien comprise ; à part les riches banlieues de Sfax, Monastir, Sousse, la végétation y est à l'état sporadique ; c'est une alternance d'olivettes et de landes lépreuses.

Au centre du Sahel existait autrefois une grande ville romaine, Thsydrus ; elle porte aujourd'hui le nom d'El Djem ; son amphithéâtre est un des plus beaux monuments romains de l'Afrique du Nord, le troisième du

El Djem (Thsydrus). — Ruines des Arènes.

monde dans son genre. Plus grand que les arènes de Nîmes, plus petit que le Colisée, l'amphithéâtre d'El Djem a été construit au iiie siècle par l'empereur Gordien.

La dévastation de l'édifice, mise à part, il semble que la domination romaine date d'hier ; des vestiges romains se rencontrent à chaque pas, dallages de voies, mosaïques de villas, rigoles amenant l'eau dans les exploitations agricoles ou les abreuvoirs ; et si le voyageur entre dans une des maisons abandonnées de l'antique Thsydrus, il peut s'étonner de ne pas voir les esclaves mettre en branle la roue du pressoir toujours à sa place pour écraser les olives mûres. La présence du merveilleux édifice romain, dont les ruines imposantes dominent les vastes plaines du Sahel, prouve qu'une nombreuse population se pressait autrefois dans cette région vouée aujourd'hui à la solitude ; quelques douars arabes aux tentes bigarrées ou noires mettent seules dans le paysage une note de vie.

L'aspect du Sahel attire la réflexion du visiteur sur le passé de cette terre. Après des siècles de richesses, l'Arabe est survenu, guerrier nomade accompagné de sa famille et de ses nombreux troupeaux, avec l'imprévoyance native de sa race ; il a mis à sac les belles plantations d'oliviers, dues à la civilisation romaine, dont quelques troncs noirs et tordus achèvent de mourir, derniers témoins de la verdoyante forêt qui couvrait le Sahel.

Après El Djem la route s'infléchit vers l'est, gagne Sousse, ville de la côte, moitié européenne, moitié arabe, comme la plupart des villes tunisiennes ; mais c'est une des villes où le caractère arabe s'est le mieux maintenu. La vieille ville ou ville haute n'a pas changé d'aspect depuis l'occupation ; les rues étroites en escalier sont remplies par une population qui forme la cohue la plus bariolée, la plus bruyante qu'on puisse imaginer. A mesure que le touriste s'enfonce dans la ville, erre à l'aventure, les ruelles se font plus tortueuses, les pavés plus disjoints, plus glissants. Les viandes s'étalent aux devantures des boutiques, les têtes d'agneau saignent sur les murs. Tout à coup une éclaircie, une petite place éblouissante de lumière où se fait entendre un bruit imprécis, une mélopée étrange et traînante accompagnée du son des tambourins, et d'une espèce de fifre d'où sortent des notes discordantes sur un ton aigu. Au centre du groupe formé par des musiciens assis à la turque, un indigène adresse une sorte d'invocation à une vipère cornue de la plus dangereuse espèce ; l'animal se dresse, gonfle son jabot, dardant une langue minuscule et ses deux petits yeux méchants sur l'homme. C'est un charmeur de serpents qui fait sa parade.

Puis la Kasbah, sorte de Bastille fortifiée que possède toute ville arabe, dont la tour carrée domine la mer, et les remparts entourés de cactus gigantesques. Tout autour, d'inextricables ruelles à pic, des maisons sans fenêtres badigeonnées à la chaux, des voûtes en encorbellement, des passages étroits et sombres, des cafés et des boutiques, des marchands et des barbiers, un grouillement intense, des senteurs de couscous et de friture, un indéfinissable désordre partout. L'ensemble baigné d'un soleil violent, original et charmant.

Après Sousse, en remontant vers Tunis, la ligne de chemin de fer traverse un Sahel plus riche ; le sol se ressent de la double orientation des rivages de la Régence sur la Méditerranée : le domaine d'Enfidaville, avec ses troupeaux de bœufs, ses plantations en plein rapport, ressemble à une exploitation agricole de France ; arbres fruitiers, vignes, céréales se succèdent sans interruption ; Potinville avec ses ceps de vignes plantés en quinconce fait songer au Languedoc ou à la Provence.

En face de Hammamet le pays redevient désertique avec une végétation de cactus et de genêts ; c'est le maquis qui trop souvent couvre le sol tunisien de ses broussailles xérophyles ; enfin viennent les beaux jardins de la banlieue de Tunis et la culture maraîchère.

Sousse. — Un charmeur de serpents.

TUNIS ET CARTHAGE

Dès son arrivée à Tunis, le touriste éprouve le désir immédiat de parcourir une ville dont le nom seul évoque tant de souvenirs.

La visite commence à la Porte de France, ligne de démarcation très nette entre la ville franque et la ville indigène ; là deux mondes différents entrent en contact, deux civilisations se heurtent. D'un côté sur l'avenue de France c'est Paris, de l'autre, c'est l'Orient. La porte franchie tout est mouvement, vie intense, mais rien ne rappelle à l'esprit les mœurs et les coutumes de France ; tout y est inédit, attire l'attention, captive les sens. C'est comme à Sousse, mais en plus grand, un inextricable écheveau de rues qui sont des ruelles, des ruelles qui laissent à peine le passage pour deux hommes de front ; jusqu'à la Kasbah, le quartier arabe présente un interminable défilé de voûtes obscures ou de petites rues couvertes de planches disjointes qui laissent passer l'éblouissante lumière du soleil ou... la pluie.

TUNIS. — La Porte de France.

D'étroites ouvertures donnent accès dans les habitations ; le Tunisien de vieille roche vit derrière le mur de sa maison. Les fenêtres à grillages ouvragés avancent sur la rue ; c'est là le seul endroit où la femme tunisienne puisse prendre, dans sa jeunesse, contact avec le vaste monde ; pour peu qu'elle conserve un reste de grâce ou de beauté, elle ne sort pas ; quelquefois un frais visage apparaît à l'un de ces grillages, mais disparaît vite, effarouché par le regard du promeneur étranger.

Les femmes sont d'ailleurs rares dans la ville arabe, à part les Mauresques voilées et drapées dans leur large haïk de laine blanche, des Juives d'une beauté qui fait rêver, empaquetées de mousselines blanches, et quelques femmes arabes très âgées. Les hommes sont nombreux ; ces Tunisiens, qui ont écumé pendant des siècles la Méditerranée, sont un étrange composé de toutes les races d'Europe et d'Afrique.

A Tunis, la vraie ville indigène est représentée par les Souks. Tout ce que le commerce arabe, tout ce que l'art arabe a pu produire d'original et de décevant pour un Européen, s'étale dans les Souks. Au premier abord toutes les productions semblent se confondre, mais le désordre n'est qu'apparent. Dans les Souks aucun corps de métier n'empiète sur le voisin, chaque corporation jouit de l'autonomie la plus complète.

Le Souk des étoffes est un véritable kaléidoscope où toutes les couleurs de l'arc-en-ciel se reflètent et s'irisent ; là des mousselines transparentes, ici des étoffes de laine et de soie, les « gandourah » brodées, les vestes galonnées d'argent, plus loin les splendides tapis de haute laine de Kairouan et de l'île Djerbah.

Mais voilà que tout d'un coup l'atmosphère s'imprègne des senteurs les plus subtiles et les plus pénétrantes : la rose, le jasmin, le benjoin composent un indéfinissable parfum ; c'est le Souk el Attarin ou des parfums ; paradis de Mahomet où « les vrais croyants », dit le poète arabe, « reposent sur des sièges ornés d'or et de pierreries près des vierges aux beaux yeux pareils aux perles dans la nacre ».

Le Souk des selliers ! Ce mot évoque un peuple de cavaliers que le peintre Eugène Fromentin montre véritables centaures franchissant à la charge « avec des écarts de jarrets effrayants » les rues en escalier, se courbant au passage des voûtes pour reparaître un instant après droits sur leurs larges étriers damasquinés d'or. Quelle débauche d'imagination dans ces brides aux mors étincelants, dans ces selles aux cuirs multicolores, au trousquin et au pommeau élevés, larges comme des fauteuils, recouvertes de broderies d'or et d'argent. Toute la vie équestre de l'Orient tient dans ce Souk des selliers !

Après Tunis, Carthage, l'antique reine du rivage africain. Tout ou presque tout ce qui fut Carthage a disparu. Le sol brûlé par le soleil est coupé de fondrières, jonché de débris de toutes sortes, c'est à travers un désert de pierres que le pèlerin gravit la colline de Byrsa.

Du sommet de la colline, devant l'admirable panorama qui l'entoure, chacun peut évoquer l'âme de la grande ville. Tour à tour apparaissent à l'horizon, la pointe Sidi Bou Saïd, le cap Bon, le Boukornine, et plus loin le majestueux Zaghouan dont les sources pures alimentent Carthage, la Goulette et Tunis.

Quel contraste entre la splendeur de l'horizon et la dé-
solation du champ de ruines qui s'étend au pied de Byrsa !
Que reste-t-il de cette puissante cité dont les flottes aux
voiles de pourpre sillonnèrent le monde connu des anciens ? Des ânes pacifiques broutent l'herbe rare au milieu des ruines ; les arcades qui servaient d'abri aux tri-
rèmes carthaginoises achèvent de s'écrouler, battues par
le flot ; au loin, les bassins du port de guerre à demi en-
vasés ressemblent aux minuscules étangs d'un parc an-
glais. A part quelques tombes puniques, la Cartage phéni-
cienne n'est plus... La Carthage romaine, byzantine, arabe,
n'est représentée que par les colonnes et les mosaïques

Carthage. — Les ruines et la colline de Byrsa.

des villas, des citernes, les débris d'un théâtre, des tombes musulmanes.

Mais Carthage morte vit par le souvenir même qui s'at-
tache à son nom. Si une tristesse immense saisit le
voyageur en contemplation devant l'effroyable dévastation qui a rayé Carthage du nombre des cités vivantes,
sa pensée revit aussitôt les gloires disparues.

Après sa fondation par Didon la Tyrienne, Carthage
grandit ; elle règne sur l'Afrique, l'Espagne, la Sardai-
gne ; ses audacieux marins, trop à l'étroit dans le bassin
méditerranéen, franchissent les colonnes d'Hercule, leurs
galères touchent aux côtes du golfe de Guinée, d'autres
remontent vers le nord et découvrent l'étain des îles
Cassitérides (1), et si l'on en croit les vestiges du culte de

(1) Iles Sorlingues (Grande-Bretagne).

Baal découverts en Amérique, les ruines du Mexique et du Pérou qui rappellent l'art antique de la Syrie, vingt siècles avant Colomb, Carthage aurait connu le Nouveau-Monde.

LA TUNISIE CENTRALE

De Tunis une ligne de chemin de fer se dirige vers la Tunisie centrale, vers la Kaalat et Senam et le Kef, en arabe « le Rocher ».

La zone centrale tunisienne est constituée par un grand massif montagneux, la Dorsale Tunisienne ou Monts de Zeugitane, dirigée du S.-O. au N.-O. de Tebessa à Ham-

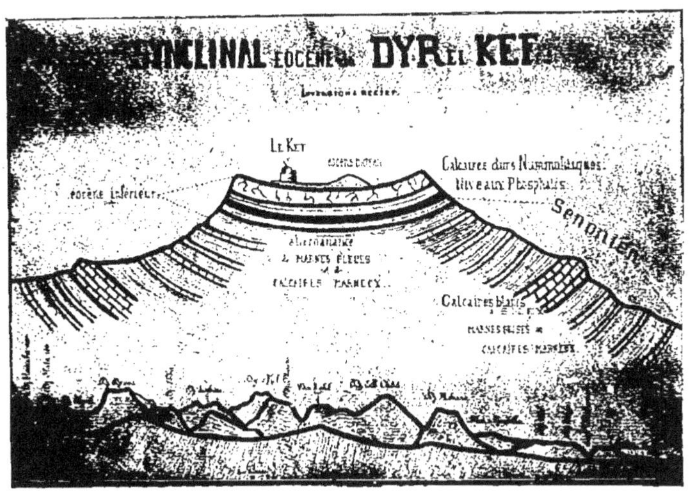

mam-Lif; mais fragmentée, sectionnée par un mouvement tectonique, elle forme maintenant une série de dômes séparés par des cuvettes synclinales disposées en chapelet.

Cette région de la Tunisie centrale ne manque ni de vie ni de pittoresque ; dès la région des Nassen les pâturages comptent des troupeaux de gros bétail qui peuvent s'élever jusqu'à 75 têtes. C'est un pays d'élevage et d'agriculture ; les blés, les vignes, les champs de fèves se succèdent à perte de vue. Mais, à l'horizon, les montagnes dénudées décèlent la véritable situation du pays qui est soumis à des pluies torrentielles. Les précipitations atmosphériques sont réparties sur un petit nombre de jours ; il existe donc des alternatives d'humidité suivies de longs jours de sécheresse. Au printemps, le sol est émaillé d'une gracieuse parure de fleurs; la sauge, le souci, la pervenche, un délicat trèfle incarnadin, des marguerites d'or mélangent à l'envi leurs chatoyantes couleurs, auxquelles le romarin ajoute son parfum pénétrant. Dans certaines parties où domine la steppe, la présence de vieux oliviers qui ont échappé à la dent des troupeaux ou au feu des nomades, les importantes ruines d'un gigantesque aqueduc prouvent que la civilisation romaine a exercé son action dans la région de l'Oued Miliane.

En approchant de Gafour le pays devient vallonné, d'une morphologie adoucie couverte par une végétation de maquis ; de place en place s'installent des douars indigènes formés de cinq à six chaumines, misérables «gour-

Le DYR-EL KEF. — Calcaires nummulitiques.

bis » couverts de branchages et dont les murs sont faits de pierres superposées.

Mais le riant et verdoyant aspect de la plaine ne dure pas ; s'il pleut fin avril la végétation peut durer jusqu'en mai, après c'est la dénudation ; il semble qu'un feu infernal a consumé le sol âpre et roussi. La présence de l'eau donnerait à ce merveilleux pays une valeur incomparable ; une irrigation savante en avait fait autrefois « le grenier de Rome ». Par endroits, le taillis, où domine le pin d'Alep, succède à la steppe.

La ligne de chemin de fer traverse ensuite de Gafour au Kef une série de plaines séparées par des cols jusqu'à une altitude de 1100 mètres. La dernière plaine s'abaisse jusqu'à former une dépression marécageuse qui se relève vers le Kef.

Là, entre la Dorsale Tunisienne et la Medjerdah, se trouvent les Hauts Plateaux tunisiens ; l'Eocène y repose sur le Sénonien ; ce dispositif de terrains calcaires sur des marnes donne au pays les reliefs si typiques connus sous le nom de Kalaat et de Dyr.

Les Kalaat marneuses, couronnées d'énormes tables nummulitiques, sont des témoins des anciens niveaux de la région. Le Dyr el Kef est un remarquable exemple de plateau nummulitique affaissé et creusé en cuvette ; c'est un relief inversé, un synclinal d'élévation.

Ces calcaires à nummulites, par suite de l'action de l'érosion, ressemblent à un relief volcanique.

Toute la plaine du Kef est dominée par des massifs formés de masses argileuses ayant un couronnement calcaire ; les marnes sous l'influence des eaux d'infiltration glissent dans les plaines ; la masse calcaire (dyr) se brise, prend un relief en creux et forme à la base de l'abrupt de remarquables éboulis chaotiques ; les pluies ajoutent encore à la désagrégation du Dyr et donnent à ses arêtes un aspect ruiniforme d'un pittoresque achevé. Toutes les lignes de crêtes, surtout vers la frontière algérienne dans la direction de l'Ouenza, se succèdent avec une régularité saisissante, se profilant nettement sur l'horizon.

DU KEF A SOUK-EL-ARBA

La route du Kef à Souk-el-Arba longe le flanc S.-O. du Dyr et prend la direction du S.-E. vers Nébeur. C'est une route en lacet à travers une région fortement accidentée ; la route est desservie par une antique diligence traînée par un attelage hétéroclite de chevaux et de mules. Cette voie coupe la vallée de l'Oued Mellègue et, à travers la grande plaine de la Dakla, atteint Souk-el-Arba.

Le pays est boisé ; l'essence dominante est le pin d'Alep avec une brousse plus ou moins clairsemée et rabougrie ; dans les vallées s'abritent les oliviers, et sur les bords des ouadi sont cantonnés les lauriers-roses.

DE SOUK-ED-ARBA A AÏN-DRAHAM

Souk-el-Arba est la reine de la Dakla ; ville importante, elle prend de plus en plus le caractère européen ; c'est le grand marché des grains d'un des plus riches districts agricoles de la Tunisie ; elle est en outre le centre d'un réseau routier important.

Au nord, une de ces routes se dirige vers le « Pays des

Forêts », vers Aïn-Draham. Après avoir franchi la Medjerdah, la route grimpe en zig-zag sur les croupes Khrou-
miriennes. Le massif nord tunisien a 800 mètres d'altitude ; il est formé par le prolongement de l'Atlas Saharien
qui vient en Tunisie relayer l'Atlas Tellien ; il compte cent
trente jours de pluie et reçoit 1 m. 95 d'eau, autant que
les parties les plus arrosées du massif central français.
Les mois d'été ne sont pas dépourvus d'averses ; ceux
d'hiver amènent régulièrement la neige sur les hautes
pentes de la Khroumirie, et l'épaisseur des forêts con-
tribue à capter et à entretenir l'humidité ; de là un ruis-
sellement de sources plus abondant que partout ailleurs.

SOUK-EL-ARBA.

La ville principale des montagnes Khroumirs date de
l'occupation française ; c'est Aïn-Draham, centre important de l'exploitation des forêts. Ses maisons modernes à
un étage se succèdent sur le flanc du Djebel-Bir le long
de la grande route de Souk-el-Arba à Tabarka. Le village
est caché dans la verdure au pied de la montagne formée
de grès éocènes bizarrement sculptés par l'érosion, et qui
rappellent certains sites de la forêt de Fontainebleau.
Toute cette partie de la Khroumirie est couverte de
chaînons montagneux inégaux, coupés de vallées profondes, de vals encaissés.
Un sentier muletier, qui domine Aïn-Draham et les ca-
sernements de la légion, permet de gagner le sommet du
Djebel-Bir ; de cet endroit, la vue embrasse un vaste panorama. La route, comme un ruban d'argent, glisse entre

les collines boisées, et toute la gamme des verts et des ors s'étend jusqu'à l'extrême horizon occupé par la mer. Vers le sud, au contraire, l'observateur devine au loin la terre d'Afrique, la fauve terre tunisienne brûlée par le grand soleil ; entre le nord et le sud, le contraste est frappant.

La descente du Djebel-Bir — pour des touristes intrépides — se fait à travers un dédale de blocs gréseux, par des pentes dangereuses, couvertes d'une brousse où fleurit la bruyère, et le long desquelles dévalent, à l'époque des pluies, des torrents temporaires.

Le pays est donc accidenté et fort pittoresque ; les pentes ombragées de grands chênes recèlent un abondant

Le Djebel-Bir. — (Grès éocènes.) Au fond, Aïn-Draham.

sous-bois où se cachent d'étranges gourbis kabyles semblables aux huttes des charbonniers dans nos forêts d'Europe.

Ces gourbis sont formés d'un amas de branchages feutrés de feuilles sèches ; quelquefois une étoffe en poil de chameau tapisse l'intérieur. La famille kabyle vit, dans cette fruste habitation, d'un peu d'orge qui donne un pain cuit chaque jour par les femmes, de figues de Barbarie ; elle dort sur l'aire de la hutte. Des moutons étiques, quelques volailles, un cheval ou un mulet forment le fond de la propriété familiale.

Autour de cette inconfortable demeure s'agitent les membres de la famille kabyle ; le chef, de haute stature, drapé majestueusement dans un burnous sale et déchiqueté, semble plongé dans un rêve éternel ; les femmes, vêtues de bleu, s'ornent le col et les cheveux tressés en bandelettes de colliers de verroterie et de sequins ; de multiples anneaux d'argent leur cerclent les bras et les chevilles ; leurs yeux expressifs et doux sont passés au kohl et leurs ongles au henné ; de fins tatouages bleus sur la joue droite et le menton se fondent avec la patine brune que le hâle donne à la matité naturelle de leur teint. Enfin, les enfants, filles et garçons, aux yeux brillants comme des escarboucles, les unes vêtues comme leurs mères de bleu et d'oripeaux colorés, les garçons recouverts d'une simple chemise de lin retenue à la ceinture par une corde, et l'oreille droite chargée d'un pendentif d'argent. Tout ce monde va, vient, s'apostrophe en langue arabe aux sonorités gutturales, s'occupe des soins du ménage ou surveille des troupeaux de porcs à demi sauvages qui circulent librement à la recherche de la glandée.

En Khroumirie, ce n'est plus la montagne dénudée, silencieuse, aux gorges abruptes comme dans le Djebel-Seldja : c'est une montagne habitée, vivante, abondamment pourvue d'eau, dont le revêtement boisé rappelle les plus beaux paysages de France.

Les deux essences principales des forêts de Khroumirie sont le chêne-liège et le chêne-zéen ; ce dernier fournit un bon bois de charpente ; il est principalement utilisé pour les traverses de chemin de fer. Le chêne-liège est de beaucoup plus important. C'est surtout par le liège qu'il fournit que cet arbre est précieux ; après une première opération, le « démasclage », qui consiste à enlever au chêne une première écorce rugueuse et impropre à la consommation industrielle, un nouveau liège se forme, c'est le liège de reproduction.

DE SOUK-EL-ARBA A TUNIS

La ligne de Souk-el-Arba à Tunis suit en grande partie la vallée de la Medjerdah, succession de plaines, prolongement des hauts plateaux algériens qui contiennent les plus belles terres à blé, les plus beaux pâturages de la Tunisie, sans compter les coteaux propres aux vignes et aux oliviers. Jadis de nombreuses villes romaines se pressaient sur les bords de l'antique Bagradas, « la rivière lente », dont l'eau verdâtre coule par endroits entre deux rangées de lauriers-roses.

Dans son long parcours tunisien (265 kilomètres), la rivière qui a presque conquis sa courbe d'équilibre devient extrêmement sinueuse. Dès son entrée dans la

Régence, à El Henessi, on la voit, au sortir de gorges encaissées très pittoresques, circuler à 200 mètres d'altitude dans une vaste et fertile plaine couverte de verdure, le Campus Bullensis des Romains.

La Medjerdah conserve son allure méandreuse « sur une étendue de 60 kilomètres et cette plaine, sous son nom actuel de Dakla des Ouled bou Salem, atteint une surface de 75.000 hectares. Entourée d'un beau cirque de montagnes, elle donne l'impression d'un lac desséché. C'est la vérité, car ce fut bien là, qu'au sein d'une vaste nappe lacustre, sont venues se déverser les eaux de la Medjerdah et de son principal affluent l'Oued Mellègue ; elle leur servait alors de niveau de base, ainsi du reste, en

LA VALLÉE DE LA MEDJERDAH.

contre-bas, qu'à l'Oued Tega, et c'est sous l'influence de ces rivières que s'est effectué le comblement du lac de la Dakla après accumulation progressive d'alluvions dont l'épaisseur atteint une cinquantaine de mètres (1) ».

Continuant sa route après avoir franchi le défilé de M'Tarif dont le barrage rocheux servait autrefois de digue de retenue au lac pleistocène de la Dakla, la Medjerdah va se perdre dans un vaste delta que ses apports augmentent chaque année. Sur la rive méditerranéenne, l'œuvre de la Medjerdah est immense ; « cette côte plate, indécise du golfe de Tunis où se jette le fleuve, est une de celles où les modifications des contours des rivages ont été le

(1) Charles Vélain.

plus rapides. Tunis se trouve maintenant en retrait sur le bord d'une Bahira — petite mer intérieure — qui fut autrefois une baie bien ouverte du grand golfe carthaginois (1). »

Plus au nord, sur l'emplacement de l'ancien golfe d'Utique, s'étalent les vasières de Porto-Farina, et les anciennes villes d'Utique et de Castro-Cornélia, « après avoir vu les vaisseaux de Scipion accostés à leurs quais » (2) se trouvent actuellement à plus de 16 kilomètres du rivage.

L'aspect de différentes régions tunisiennes, même parcourues « à vol d'oiseau », montre bien que dans l'ensemble, et malgré la sécheresse dont souffrent trop souvent ses plus riches terroirs, la Tunisie est pour la France un merveilleux pays d'exploitation.

Il faut avoir parcouru cette belle contrée pour se rendre compte avec quelle généreuse intelligence, quel haut esprit philanthropique, nos résidents, nos agriculteurs, nos ingénieurs ont mis en valeur un pays jusqu'alors en proie à l'anarchie. Une administration régulière a été établie, des terres nouvelles ont été défrichées, irriguées, rendues à la culture ; un réseau routier excellent et des voies ferrées ont été établis ; les galeries des mines ont percé les montagnes à la recherche des gîtes métallifères de plomb, de zinc et de fer, car la Tunisie est non seulement un pays agricole mais elle est appelée à un grand avenir minier. En outre, nos savants fouillent le sol de l'antique Mauritanie césarienne et retrouvent à chaque étape les vestiges d'un passé glorieux.

De tels résultats acquis dans un temps relativement court suffiraient pour affirmer que les Français ont le « génie colonisateur ».

(1-2) Charles Vélain.

IMPRIMERIE PAUL BOUSREZ. — J. ALLARD SUCC^r

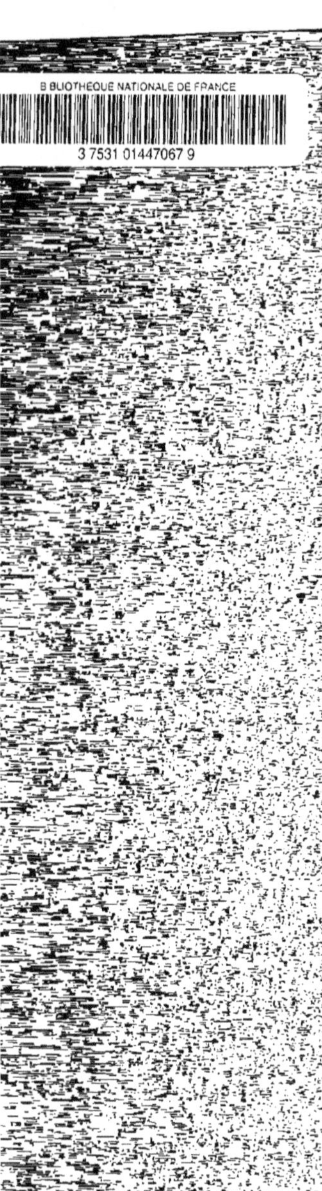